AF383681

LES

GROUPEMENTS CRISTALLINS

PAR

M. E. MALLARD

Inspecteur général des mines,
Professeur à l'École supérieure des mines.

CONFÉRENCE FAITE A LA SOCIÉTÉ CHIMIQUE DE PARIS

EXTRAIT DE LA *REVUE SCIENTIFIQUE*
des 30 juillet et 6 août 1887.

PARIS

ADMINISTRATION DES DEUX REVUES

111, BOULEVARD SAINT-GERMAIN

1887

LES

GROUPEMENTS CRISTALLINS

Messieurs,

J'ai accepté le très grand, mais très périlleux honneur de vous entretenir d'un sujet cristallographique, c'est-à-dire, je le crains, assez aride. Je me propose de vous parler des groupements cristallins, des lois qui les régissent, et des conséquences qu'on peut tirer de ces lois.

Il me faut d'abord, ne fût-ce que pour bien préciser les termes dont j'aurai à faire usage, vous rappeler la théorie rationnelle qui forme le fondement de la cristallographie. Créée à la fin du siècle dernier par le génie de l'abbé Haüy, elle a reçu sa forme définitive d'un savant, mort jeune encore, et dont je m'honore d'avoir suivi les leçons, de Bravais.

I.

THÉORIE CRISTALLOGRAPHIQUE GÉNÉRALE.

Structure des cristaux homogènes. — Tous les cristaux ne sont pas homogènes, et le but principal que j'ai en vue est précisément d'étudier avec vous ceux qui ne le sont pas. Mais l'observation nous montre que de nombreux cristaux possèdent l'homogénéité, et c'est de ceux-là seulement que s'occupe la théorie générale.

Dans un cristal homogène, une portion, si petite qu'elle soit, supposée isolée du reste de la masse, jouit des mêmes propriétés, quelle que soit la région du cristal où elle ait été prise. En outre, les propriétés physiques pour lesquelles on a à considérer une direction, telles que les propagations lumineuse et calorifique, sont identiques pour toutes les directions parallèles entre elles, tandis qu'elles varient en général lorsque la direction varie.

Il est très aisé de voir qu'un cristal ne peut jouir de semblables propriétés qu'à la condition d'être composé d'un nombre très grand de petites masses matérielles, toutes identiques entre elles et ayant dans l'espace même orientation. La plus petite masse possible satisfaisant à cette condition est la *molécule cristalline*, qu'il ne faut pas confondre avec la molécule chimique dont elle peut être un certain multiple.

Il ne reste plus qu'à voir quelles positions les molécules cristallines occupent dans l'espace.

Considérons à cet effet dans la molécule cristalline un point quelconque, son centre de gravité par exemple, pour fixer les idées. Si nous menons la droite qui passe par deux de ces centres de gravité A et B (fig. 1), supposés contigus, l'homogénéité de la substance nous force d'admettre qu'il y aura un autre centre de gravité en C, sur la même droite et à une distance de B égale à la distance de B à A, car autrement le cristal, n'étant pas organisé en B comme il l'est en A, ne serait pas homogène. Le même raisonnement pouvant se continuer indéfiniment, nous voyons que la ligne A B, que l'on appelle une *rangée*, contient un nombre infini de centres de gravité moléculaires équidistants ; l'équidistance de ces centres est le *paramètre de la rangée*.

Si d'ailleurs nous supposons le plan de la figure passant par un centre A′ contigu de A, A′ doit comme A appartenir à une rangée parallèle à AB et de même paramètre. De plus, la ligne qui passe par A et A′ doit former une nouvelle rangée dont le paramètre est A A′.

Dans le plan considéré, les centres de gravité sont donc disposés en quinconce, formant les nœuds d'un

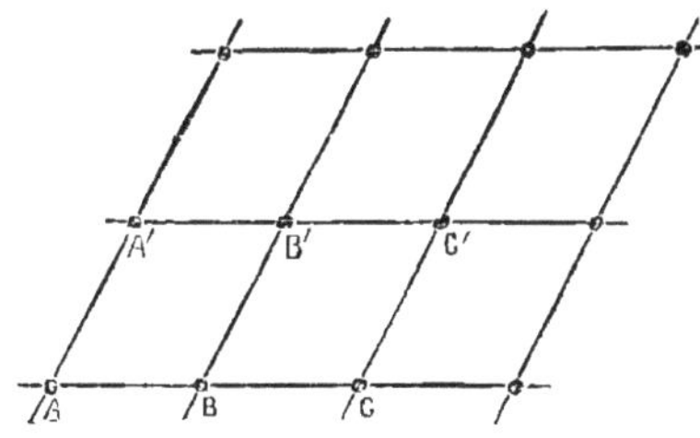

Fig. 1.

certain réseau dont les mailles parallélogrammiques sont toutes égales entre elles. Un tel plan est un *plan réticulaire*.

Si enfin nous prenons, en dehors de ce plan un autre nœud A″ (fig. 2) supposé contigu de A, A A″ sera une nouvelle rangée ayant A A″ pour paramètre, et A″ appartiendra à un plan réticulaire identique et parallèle au plan ABA′.

En résumé, il est clair que les centres de gravité moléculaires forment dans l'espace les nœuds d'un certain système réticulaire (en étendant par analogie la définition d'un réseau) à maille parallélipipédique, représenté figure 2, et qu'on se figure très aisément en imaginant des parallélipipèdes tous égaux et également orientés, empilés côte à côte de manière à combler l'espace.

On peut mener à travers un semblable système réticulaire un nombre très grand de *plans réticulaires*. Le cristal est limité par un certain nombre de ces plans réticulaires dont les inclinaisons mutuelles dépendent de la forme du système réticulaire, c'est-à-dire de celle de son *parallélipipède élémentaire*.

Telle est la théorie qui sert de fondement à toute la cristallographie. Elle est absolument nécessaire dès

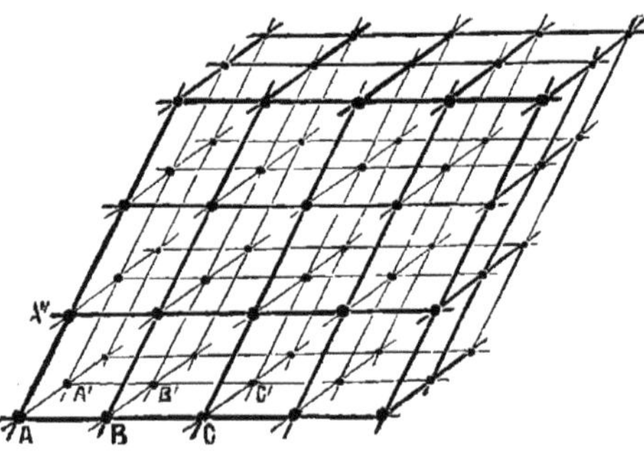

Fig. 2.

qu'on admet l'homogénéité du cristal ; elle a d'ailleurs été pleinement vérifiée par l'expérience.

Un des principaux objets que se proposent les cristallographes dans leurs observations est de déterminer pour chaque substance la forme de la maille parallélipipédique qui définit son système réticulaire, et qui est pour cette substance une caractéristique d'une importance considérable.

On peut donner à la théorie un autre énoncé, au fond parfaitement identique, mais qui, dans certains cas, a l'avantage de présenter à l'esprit une image plus nette.

On peut évidemment joindre les centres des mailles parallélipipédiques du système réticulaire par des droites parallèles aux rangées de ce système, et l'on obtient ainsi un nouveau système réticulaire qui n'est autre que le premier transporté parallèlement à lui-même. Les centres de gravité moléculaires sont situés aux centres des mailles parallélipipédiques de ce nouveau système. C'est d'ailleurs ce dont on se rend très nettement compte en plan sur la figure 3.

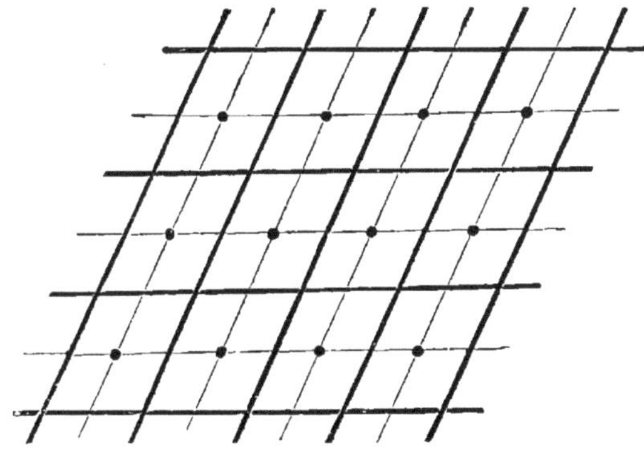

Fig. 3.

Le cristal se trouve ainsi partagé en un nombre très grand de petites *cellules* parallélipipédiques ayant chacune dans son intérieur une molécule cristalline dont le centre de gravité occupe le centre de la cellule.

Les parois de ces cellules ne sont pas réelles, bien entendu ; elles n'ont qu'une existence de raison et ne servent qu'à nous représenter, par une figure simple, l'arrangement intérieur du corps, c'est-à-dire la position respective des molécules.

Si nous pouvions isoler une semblable cellule avec sa molécule au centre, sans modifier les actions qui s'exercent sur sa surface, nous aurions un petit corps qui jouirait exactement des mêmes propriétés physiques que le cristal entier. Nous lui donnerons le nom de *particule*, pour employer un mot déjà employé par Ampère dans un sens analogue.

La particule est composée de la cellule et de la molécule qu'elle enveloppe.

De la symétrie cristalline. — Par l'observation des faces qui limitent le cristal, et par l'étude de leurs inclinaisons mutuelles, le cristallographe parvient à déterminer la forme de la cellule. Mais il lui semble interdit, sans sortir de l'objet de ses études, d'affirmer quoi que ce soit sur la molécule cristalline. Il paraît condamné à s'arrêter à l'enveloppe sans rien connaître du contenu.

Heureusement les notions de symétrie viennent permettre, non pas de pénétrer les mystères de ce petit espace qui contient tous les secrets de la matière, mais d'y jeter au moins un coup d'œil.

Un corps est symétrique quand il possède quelque élément de symétrie, centre, plan ou axe.

Vous savez tous ce qu'est un centre ou un plan de symétrie ; la définition précise de l'axe de symétrie est moins connue. C'est une droite telle qu'en faisant tourner le corps autour de cet axe d'une fraction de tour, le corps se trouve restitué, c'est-à-dire semble, après la rotation, ne pas avoir changé de position. L'axe de symétrie est binaire, ternaire, quaternaire ou sénaire, suivant que la restitution du corps a lieu après $1/2$, $1/3$, $1/4$, $1/6$ de tour. L'axe central d'un prisme droit à base hexagonale régulière est un axe sénaire.

Un élément de symétrie qui appartient à la particule appartient nécessairement à tout le cristal (1) et se manifeste ainsi par des propriétés physiques et mor-

---

(1) La réciproque de cette propriété ne peut être établie sans quelques restrictions secondaires que je suis forcé de passer ici sous silence.

phologiques observables. D'autre part, un élément de symétrie ne peut appartenir à la particule sans être commun à la cellule et à la molécule.

Un élément de symétrie observé dans un cristal appartient donc à la molécule cristalline, dont nous serons ainsi amenés à affirmer une certaine propriété. Ce n'est guère sans doute, et notre connaissance de la molécule reste encore singulièrement courte ; mais en pareille matière, peu, c'est déjà beaucoup.

Il est donc fort important de pouvoir déterminer avec certitude les éléments de symétrie d'un cristal. Il faut remarquer que ces éléments doivent régir toutes les propriétés physiques sans exception, car si, par une rotation convenable autour d'un axe de symétrie, le cristal est restitué, cellules et molécules, il faut bien que les propriétés physiques soient les mêmes avant et après la rotation. On peut même dire qu'à la rigueur on ne peut affirmer dans un cristal la présence d'un élément de symétrie, qu'après avoir constaté que cet élément régit *toutes* les propriétés physiques.

Dans la pratique, il suffit d'observer deux propriétés physiques n'ayant pas entre elles de lien nécessaire comme celles de la forme extérieure et celles de la biréfringence optique.

Je ne puis entrer dans la description des procédés au moyen desquels on constate les propriétés biréfringentes cristallines dont l'étude prend une importance chaque jour croissante. Je me bornerai à rappeler que ces propriétés peuvent être définies par un certain ellipsoïde qui peut être considéré comme l'une des caractéristiques les plus importantes de la particule. La biréfringence suivant une direction est donnée par la forme de l'ellipse découpée dans l'ellipsoïde optique par le plan normal à la direction et passant par le centre.

Cet ellipsoïde doit avoir au moins la symétrie de la particule ; tout axe binaire de celle-ci est un axe de l'ellipsoïde ; tout axe ternaire, quaternaire ou sénaire de la particule est un axe de révolution de l'ellipsoïde qui est une sphère quand la particule a plus d'un axe quaternaire, c'est-à-dire quand elle a la symétrie cubique.

On déduit de là que la particule, et par conséquent le cristal, est uniréfringente quand elle a les éléments de symétrie du cube et qu'elle est uniréfringente suivant la direction de l'axe principal lorsque la particule a la symétrie du prisme droit à base carrée, à base régulière triangulaire, ou à base régulière hexagonale.

J'ai achevé, messieurs, ce trop long préambule, et je puis enfin entrer en matière.

II.

LOIS DES GROUPEMENTS CRISTALLINS.

Dès qu'une loi rationnelle a été déduite de certains faits expérimentaux, en général très simples, qu'on en a vérifié l'exactitude et tiré les principales conséquences, il n'y a rien de plus urgent que de rechercher curieusement et d'étudier avec soin les cas particuliers auxquels la théorie ne s'applique pas. Ces cas-là nous révèlent inévitablement en effet des propriétés de la matière autres que celles qui ont servi de base à la théorie.

La théorie des cristaux homogènes nous a montré quelles étaient, dans ces cristaux, les positions d'équilibre que prennent les molécules dans l'espace sous l'influence de leurs actions mutuelles.

L'étude des cristaux non homogènes doit nous amener à constater la possibilité d'autres positions moléculaires d'équilibre, non moins intéressantes que les premières.

L'observation montre que les cristaux non homogènes, mais constitués par la même substance, sont formés par l'association de portions homogènes, toutes disposées suivant la même loi réticulaire et ne différant entre elles que par leurs orientations.

Une semblable association est un *groupement cristallin*.

Ces groupements peuvent se partager en deux classes : les *macles* et les *groupements par pénétration*. Nous parlerons d'abord des premiers.

1° Des macles. — Les macles sont les groupements cristallins les plus anciennement connus. Ils ont été étudiés et définis avec précision par Romé de l'Isle, l'un des précurseurs d'Haüy.

Dans une macle deux individus cristallins sont groupés de manière à avoir une face cristalline commune, et de façon que, par rapport à cette face commune, l'un des systèmes réticulaires est symétrique de l'autre.

Nous représentons schématiquement l'un des cristaux A (fig. 4) par l'un de ses plans réticulaires, supposé, pour plus de simplicité, perpendiculaire au plan de macle PP. Au centre de chacune des cellules, nous figurons conventionnellement les molécules par de petites droites égales et parallèles. L'autre individu cristallin B sera représenté par une figure exactement symétrique de la première par rapport à PP.

Si nous considérons les deux rangées de particules contiguës et séparées par le plan de macle, leur position respective nous révèle la possibilité dans un cristal d'une position moléculaire d'équilibre autre que celle que nous fait connaître la théorie générale. Dans cette position, les particules juxtaposées, au lieu d'être parallèles, sont symétriques l'une de l'autre par rapport à un plan mené à égale distance de deux plans réticulaires. Nous pouvons désigner la position d'équi-

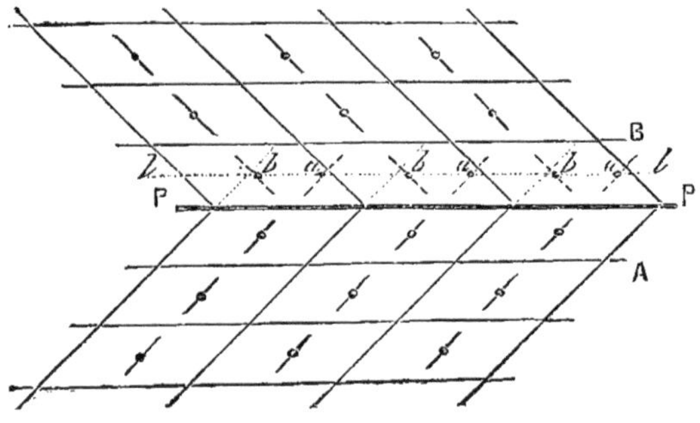

Fig. 4.

libre conforme à la théorie, par le nom de *position parallèle*; celle que nous venons de constater sera la *position symétrique*.

On peut d'ailleurs remarquer que ce nouveau mode d'empilement des particules peut coexister avec le premier, sans que l'empilement résultant cesse d'être apte à combler l'espace.

Si nous étudions plus particulièrement la position des molécules cristallines de part et d'autre du plan de macle, nous verrons que, dans le cristal B, les centres de gravité moléculaires situés dans le plan *ll* seraient en *aa*, si les molécules étaient dans la position parallèle d'équilibre; ils sont en *bb* dans la position symétrique.

Si les faces moléculaires qui maintiennent les centres de gravité à leurs distances respectives dans le plan *ll* sont suffisamment énergiques, nous pouvons concevoir qu'en agissant sur quelques-unes des molécules du plan dans un sens convenable, nous parviendrons à donner au plan tout entier une certaine translation parallèle à la rangée *ab*. Pendant cette translation, un centre de gravité, tel que *a*, déplacé de sa position d'équilibre, pourra être amené en un point tel qu'abandonné à lui-même, il tende à prendre non plus la position d'équilibre parallèle *a*, mais la position d'équilibre symétrique *b;* l'équilibre exigeant d'ailleurs que la molécule exécute en même temps une rotation convenable autour de son centre de gravité.

On conçoit donc la possibilité, en imprimant aux molécules du plan *ll* une impulsion suffisamment énergique, de les faire passer de la position d'équilibre parallèle à la position d'équilibre symétrique dans laquelle elles se fixeront d'elles-mêmes.

Bien qu'on conçoive la possibilité d'un semblable phénomène, il paraît chimérique d'en tenter la réalisation. Rien cependant n'est plus simple. M. Reusch est le premier qui ait tenté et réussi cette étonnante expérience; M. Baumhauer lui a donné une forme plus saisissante.

Il prend un fragment de spath d'Islande (fig. 5) et le clive de manière à obtenir un prisme un peu allongé dont les faces latérales soient sensiblement égales. Il le pose sur une table de manière qu'il repose par l'une de ses arêtes obtuses culminantes EF, et il appuie sur l'arête opposée, en B, avec une lame de couteau placée perpendiculairement à l'arête. La lame entre dans le cristal, chassant en quelque sorte devant elle, à gauche, une portion du cristal qui prend d'elle-même, par rapport au plan vertical, une inclinaison inverse de celle qu'elle possédait primitivement. Lorsque la lame a pénétré jusqu'aux deux autres arêtes horizontales du prisme, après avoir traversé celui-ci sur la moitié de son épaisseur, on constate avec étonnement que toute la portion A *abcd* B est venue prendre la position A′ *abcd* B′ qui se trouve exactement en position de macle par rapport à la portion E*ab cd*F restée fixe du prisme. Dans ce mouvement auquel chaque molécule a dû participer, non seulement la

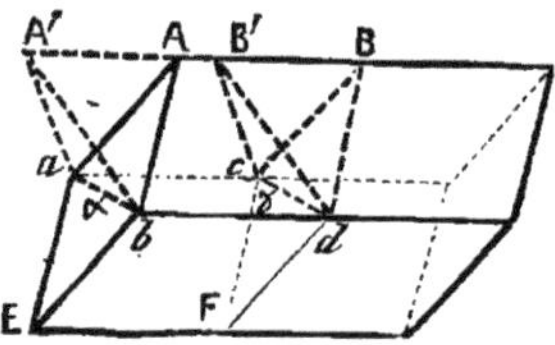

Fig. 5.

solidité du cristal n'a pas été compromise, mais encore les faces, de formation toute mécanique, comme A′B′*bd* et A′*ab*, ont un poli cristallin si parfait qu'il est à peine possible de les distinguer des faces non modifiées du cristal. Enfin, la portion du cristal A′*abcd*B′ a toutes les propriétés optiques et cristallographiques d'un cristal de spath ordinaire. Il y a des clivages parallèles aux faces A′*ab*, A′B′*bd*, A′B′*ac*; il y a un axe optique partant de B′ et situé à égale distance des arêtes B′A′, B′*c*, B′*d*, etc.

L'explication *du* phénomène est très simple si l'on

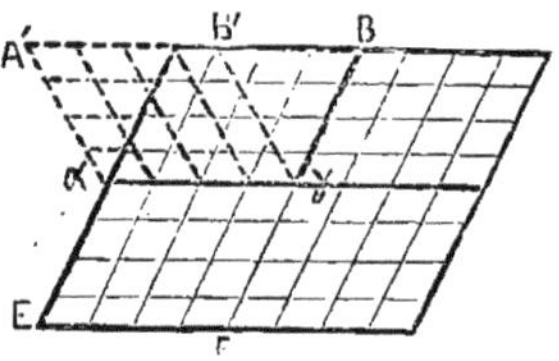

Fig. 6.

jette les yeux sur la figure 6 qui représente le réseau des centres de gravité dans le plan vertical de symétrie du prisme. La lame de couteau en pénétrant dans le prisme a chassé successivement vers la gauche chacun des plans réticulaires horizontaux et les a forcés à prendre la position d'équilibre symétrique.

Aucun exemple n'est plus propre à démontrer la réalité de toutes nos conceptions sur la structure intérieure des cristaux.

Nous ne quitterons pas ce sujet sans remarquer que lorsqu'une macle s'est produite, l'individu cristallin maclé a acquis un plan de symétrie. Ce plan de symétrie est très différent par sa nature de ceux qu'on a en vue lorsqu'on dit qu'un cristal possède un plan de symétrie. Dans ce dernier cas en effet, chaque parti-

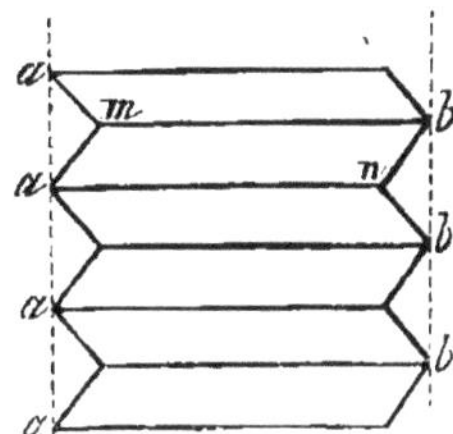

Fig. 7.

cule a son plan de symétrie, et chaque plan de symétrie de la cellule est un plan de symétrie du cristal, qui a ainsi une infinité de plans de symétrie parallèles entre eux. Le plan de symétrie est alors défini par sa direction et non, comme dans la macle, par sa position absolue dans l'espace.

Mais une macle peut se répéter un très grand nombre de fois comme dans la figure schématique ci-dessus (fig. 7), et chaque fois un nouveau plan de symétrie se produit.

Si le nombre des macles devient très grand, les points $aa..$, $bb..$ se rapprocheront de manière à figurer des plans cristallins parallèles, perpendiculaires aux plans de macle, et seulement accidentés par des stries très nettes dues aux gouttières ama, bmb. Le cristal paraîtra presque avoir acquis un élément de symétrie nouveau, à savoir un plan de symétrie parallèle au plan de macle.

Ceci n'est point une déduction purement théorique, car les feldspaths tricliniques, tels que l'albite, l'oligoclase, le labrador, le microcline, etc., présentent précisément ce mode de structure.

On voit ainsi que les macles paraissent se présenter, à un certain point de vue, comme un artifice dont se sert la nature pour rapprocher les cristaux d'une symétrie à laquelle la symétrie de leur particule ne leur donne point droit.

2° **Des groupements par pénétration.** — Abordons maintenant le second mode de groupement. Il n'est pas général comme le premier qui peut être réalisé par tous les cristaux ; il ne peut s'appliquer qu'à ceux dans lesquels la symétrie de la cellule est supérieure à celle de la molécule, et qu'on appelle *pseudo-symétriques*.

Un cristal est pseudo-quadratique, par exemple, si sa cellule ayant la forme d'un prisme droit à base carrée,

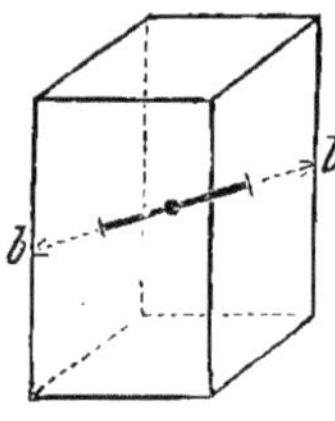

Fig. 8.

la molécule qu'elle contient a seulement une symétrie rhombique. Nous pouvons représenter schématiquement une semblable molécule par une ligne droite passant par le centre et dirigée suivant un axe binaire du prisme carré, c'est-à-dire suivant une droite bb

(fig. 8), joignant les milieux de deux arêtes latérales opposées.

Dans ce cas et dans tous les cas semblables, la position de la cellule ne définit pas suffisamment celle de la particule. En effet, si nous faisons tourner la cellule autour d'un des axes de symétrie qui lui appartient et qui manque à la molécule, la cellule sera restituée, mais non pas la molécule, ni par conséquent la particule. Sans que la cellule change réellement ni de place, ni d'orientation, la particule peut ainsi prendre plusieurs orientations distinctes.

Ces orientations distinctes peuvent *géométriquement* entrer dans l'empilement des cellules qui produit le cristal, puisqu'elles ne sont pas accompagnées de modifications dans l'orientation des cellules. Au point de vue *physique*, cet empilement de particules qui n'ont de commun que le parallélisme des cellules paraît impossible, puisque, d'après notre théorie générale, l'équilibre moléculaire intérieur exige que les molécules, de même que les cellules, aient, dans toute la masse du cristal, des orientations parallèles.

Il est établi cependant par l'observation, qu'il suffit *pour que l'équilibre moléculaire intérieur du cristal puisse subsister, que les cellules empilées restent parallèles entre elles, les molécules pouvant d'ailleurs posséder toutes les orientations compatibles avec cette condition du parallélisme des cellules.*

Les cristaux qui présentent un semblable mode de structure ne sont plus homogènes; ils constituent des *groupements par pénétration.*

La théorie de ces groupements sera complète lorsque nous aurons ajouté que, pour que les particules soient susceptibles de produire des groupements de ce genre, il n'est nullement nécessaire que la cellule ait *rigoureusement* la forme symétrique qu'indique la théorie. L'observation montre qu'il suffit que la cellule ait *ap-*

2

proximativement cette forme. Des particules ayant pour cellule un prisme droit dont la base est un rhombe de 89°, de 88°, et même quelquefois de 87°, se comporteront comme si le rhombe était exactement de 90°.

Pour comprendre cette tolérance de la nature, il faut se rappeler que la cellule n'est pas un solide invariable; qu'elle est une forme fictive donnant une représentation géométrique des positions mutuelles d'équilibre des molécules, et que de très petites variations dans ces positions mutuelles, du genre de celles que l'on peut considérer comme se produisant dans les groupements, suffisent à modifier la forme de la cellule.

Une semblable tolérance n'est d'ailleurs pas sans exemple dans la science des cristaux. On sait depuis longtemps que des particules de substances isomorphes, ayant des cellules identiques, *à peu près seulement*, peuvent s'empiler dans un même individu cristallin pour former ce qu'on appelle un mélange isomorphe.

Il est intéressant de remarquer que les deux modes de groupements, *par macle* et *par pénétration*, pourraient être compris dans le même énoncé, en disant que *les particules cristallines peuvent s'empiler, sans tenir compte de l'orientation des molécules, à la seule condition que cet empilement régulier soit susceptible de combler l'espace.* Nous avons en effet remarqué que les macles réalisent cette condition.

Il faut enfin ajouter que la distinction entre les deux modes de groupements ne sera pas toujours aussi profonde qu'elle le paraît au premier abord, car il peut arriver et il arrive très souvent que deux particules en position de macle se trouvent aussi l'une par rapport à l'autre dans des positions compatibles avec un groupement par pénétration.

Nous allons maintenant montrer des exemples de

groupements par pénétration. Nous les choisirons successivement parmi les cristaux pseudo-quadratiques, pseudo-hexagonaux et pseudo-cubiques.

Groupements des cristaux pseudo-quadratiques. — Prenons d'abord un cristal pseudo-quadratique dont la symétrie réelle est rhombique (1). Nous représentons schématiquement sa molécule, ainsi que nous l'avons fait plus haut, par une droite parallèle à une diagonale de la base.

La particule, représentée, pour plus de clarté, par sa projection sur sa base, est évidemment susceptible, dans un groupement par pénétration, des deux orientations figurées ci-dessous (fig. 9), et de ces deux-là seulement. Je désignerai ces deux orientations par les chiffres 1 et 2.

Si le cristal est homogène, c'est-à-dire si toutes les particules ont la même orientation, sa structure intérieure dans un plan parallèle à la base carrée sera représentée par le schéma de la figure 10.

Malgré sa forme carrée, on pourra s'apercevoir aisément que la symétrie réelle du cristal n'est pas celle du prisme carré, et, sans parler des phénomènes morphologiques ou physiques qui nous permettraient plus ou moins aisément de résoudre le problème, l'observation optique nous le montrera clairement. En effet, l'ellipsoïde optique caractéristique de la particule est, dans un prisme carré, de révolution autour de l'axe quadratique. La section de cet ellipsoïde perpendiculaire à l'axe est donc un cercle absolument comme si l'ellipsoïde était une sphère. Si nous découpons dans le prisme une lame parallèle à sa base, un rayon

(1) La symétrie rhombique est celle d'un prisme droit à base rhombe qui possède trois axes de symétrie binaires perpendiculaires entre eux, parallèles respectivement à la hauteur du prisme et aux deux diagonales de la base.

la traversant normalement à cette base se compor-
tera ainsi comme si l'ellipsoïde était une sphère. Il n'y
aura donc pas, pour ce rayon, de double réfraction,
et là lame restera obscure, sous le microscope polarisant, entre les deux nicols croisés.

Si, au contraire, comme dans le cas que nous avons

Fig. 9.

supposé, l'axe vertical de la particule à base carrée
n'est pas quaternaire, l'ellipsoïde est à trois axes iné-
gaux ; la section faite par le plan parallèle à la base est
une ellipse ; un rayon traversant normalement une
lame parallèle à la base éprouve la double réfraction,

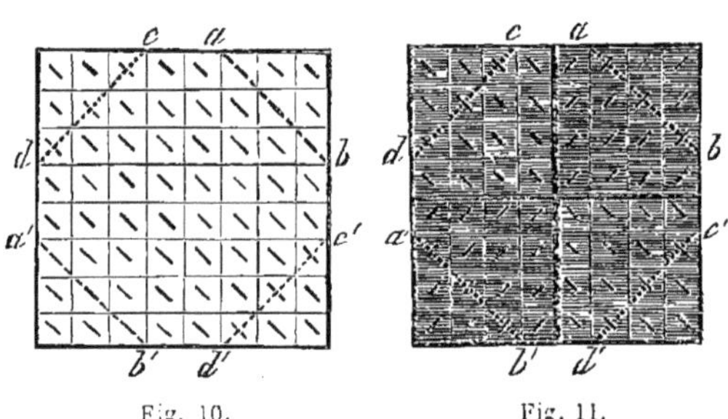

Fig. 10.   Fig. 11.

et la lame cristalline se colore de couleurs plus ou
moins vives entre les deux nicols croisés.

Mais, d'après le principe général des groupements
par pénétration, les deux orientations [1] et [2] des particules peuvent exister à la fois dans le même cristal.
Si les deux orientations se partagent régulièrement
l'un des plans réticulaires parallèle à la base, on
pourra avoir par exemple la distribution de la figure 11.
Les deux orientations y sont réparties entre quatre

plages, deux à deux cristallographiquement parallèles et opposées par le centre.

Supposons un cristal dans lequel tous les plans réticulaires parallèles, superposés suivant une verticale à la base, affectent la même distribution ; découpons dans ce cristal une lame parallèle à la base, et portons-la sous le microscope polarisant. Un rayon lumineux traversant la lame normalement ne rencontre que des ellipsoïdes de même orientation. Or les ellipsoïdes des plages [1] ont le grand axe de leur ellipse parallèle à la base carrée, perpendiculaire sur celui des ellipsoïdes des plages [2]. On manifeste aisément cette particularité en plaçant au-dessus de la lame une autre lame cristalline, convenablement orientée, qui teint les plages [1] et [2] de couleurs différentes.

Il faut remarquer qu'avec la structure intérieure que nous avons supposée, le prisme carré a acquis un axe de symétrie quaternaire, car on peut faire tourner le cristal de 1/4 de tour autour de son axe médian sans qu'il paraisse avoir changé de position. Le groupement a donc doué l'axe du cristal d'une symétrie plus élevée que celle qu'il possédait avant le groupement, de la même manière que la macle fait acquérir au cristal un plan de symétrie nouveau. Dans un cas, comme dans l'autre d'ailleurs, l'élément de symétrie nouveau n'est pas défini seulement par sa direction, il a encore dans l'espace une position déterminée.

La forme extérieure du cristal manifestera ce nouveau et supérieur degré de symétrie. Dans le cristal homogène, l'axe vertical du cristal étant seulement binaire, la production d'une face telle que ab, parallèle aux droites prises conventionnellement comme représentant les molécules, n'entraînait que la production d'une face parallèle $a'b'$, venant en coïncidence avec ab, après 1/2 tour autour de l'axe vertical. Lorsque des faces semblables prennent naissance, la vraie symétrie rhombique du cristal se manifeste morphologiquement.

Au contraire, dans le cristal groupé, la production d'une face ab entraîne celle de trois autres, avec lesquelles ab vient en coïncidence par des rotations successives de 1/4 de tour. La symétrie quaternaire s'accuse ainsi d'une manière nette.

Mais nous avons supposé le cas simple d'une distribution très régulière, la même suivant toute la hauteur du cristal, des deux orientations [1] et [2]. Si notre principe général est vrai, si l'équilibre intérieur est possible lorsque deux particules juxtaposées sont d'orientation différente aussi bien que lorsqu'elles ont la même orientation, rien n'empêche que les deux orientations [1] et [2] soient réparties dans la masse du cristal d'une manière quelconque.

Dans ce cas, les phénomènes optiques pourront être extrêmement complexes et très difficiles à débrouiller. En effet, un rayon passant à travers le cristal va couper, dans ce cas, des ellipsoïdes optiques de directions différentes, et le phénomène qui en résultera sera en quelque sorte une moyenne entre les deux phénomènes qui se produiraient si les ellipsoïdes étaient parallèles, d'une part à l'orientation [1], d'autre part à l'orientation [2]. La moyenne dépendra d'ailleurs du rapport des quantités de chacun des deux ellipsoïdes traversés, et ce rapport peut varier suivant la direction du rayon, comme suivant la position absolue du rayon dans le cristal.

Ces apparences optiques étranges, qui ne paraissent régies par aucune loi, ont été et sont souvent encore, par certains cristallographes, rapportées à des causes fort mal définies, telles que la polarisation lamellaire de Biot, ou des tensions intérieures. Vous voyez que l'explication en est fort simple ; et ce qui démontre qu'elle est la seule vraie, c'est que toutes les fois qu'on peut arriver, en diminuant par exemple beaucoup l'épaisseur des plaques cristallines observées, à n'avoir plus, sur le parcours du rayon, que des ellipsoïdes parallèles, les phénomènes reprennent la netteté théorique.

C'est ainsi que le problème posé par les anomalies optiques du ferrocyanure de potassium a été résolu par M. Wyrouboff qui, en clivant des prismes carrés de cette substance, dont les apparences optiques sont fort confuses, a pu isoler des lames homogènes et nettement rhombiques.

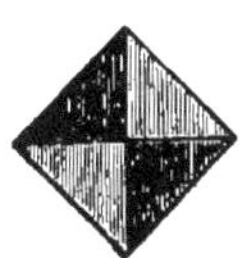

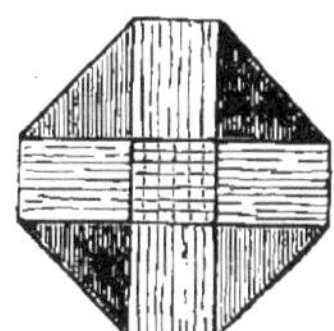

Fig. 12.Fig. 13.

C'est ainsi encore que j'ai pu expliquer les anomalies optiques de l'apophyllite, très anciennement signalées par Brewster, et dont Biot avait donné une explication tout à fait erronée.

On va vous montrer la projection de deux lames de clivage d'apophyllite de Zacatecas. L'une (fig. 12), prise à la partie supérieure du cristal, montre un prisme carré ayant à peu près exactement le groupement régulier étudié plus haut (fig. 11). L'autre (fig. 13), prise dans la partie inférieure du même cristal, montre au centre une sorte de croix centrale qui reste à peu près noire, quelle qu'en soit l'orientation, entre deux nicols croisés. Dans ces plages, les deux orientations perpendiculaires se superposent en quantité presque égale, de sorte que la double réfraction due à l'une est sensiblement neutralisée par celle qui est due à l'autre. Mais les deux orientations s'isolent au contraire nettement entre les branches de la croix et donnent lieu à des triangles qui se teignent de couleurs vives sous l'influence d'une lame sensible.

Ces phénomènes démontrent clairement que l'apophyllite n'est pas quadratique, comme on l'a cru longtemps, sur la foi des observations purement morphologiques, mais seulement pseudo-quadratique.

Cristaux pseudo-hexagonaux. — Les cristaux hexagonaux ou sénaires ont un ellipsoïde optique de révolu-

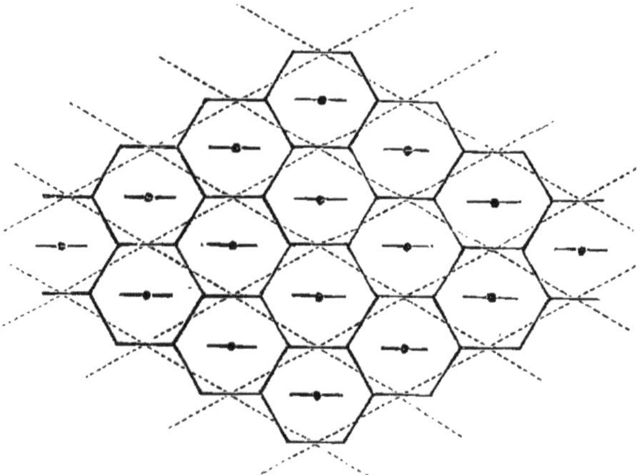

Fig. 14.

tion autour de l'axe sénaire. Leur réseau, dans un plan perpendiculaire à cet axe principal, a pour maille un rhombe dont l'angle est de 120°.

La maille parallélipipédique est donc un prisme rhombique de 120°. Il est aisé de voir en effet sur la figure 14 qu'un semblable système réticulaire revient bien en coïncidence avec lui-même lorsqu'on le fait tourner de 1/6 de tour ou de 60° autour d'un axe vertical. Mais la maille, ainsi choisie, ne manifeste pas la symétrie sénaire, et il est préférable de lui en substituer une autre, à base hexagonale, qu'on obtient très simplement, comme vous le verrez en jetant les yeux sur la figure 14. Ce changement est du reste parfaitement permis puisqu'il ne change rien à la position

Fig. 15.

des molécules, et que les nouvelles cellules se juxtaposent en remplissant l'espace.

La particule d'un cristal hexagonal peut donc être considérée comme ayant pour cellule un prisme hexagonal régulier.

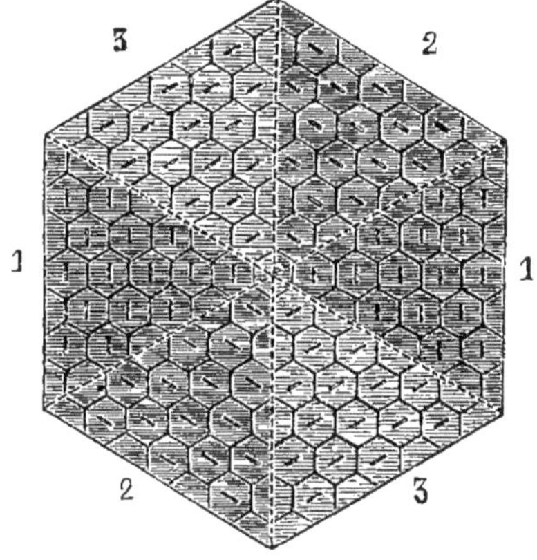

Fig. 16.

Lorsque le cristal est réellement hexagonal, la molécule qui occupe la cellule a une symétrie hexagonale. Si la molécule a une symétrie seulement rhombique, nous pouvons la figurer schématiquement, comme dans le cas précédent, par une ligne droite dirigée suivant une des diagonales du rhombe de

120°. La particule est alors seulement pseudo-hexagonale.

Les cristaux à la fois rhombiques et pseudo-hexagonaux sont extrêmement abondants, et l'on n'a, pour les exemples, que l'embarras du choix. Je citerai seulement l'aragonite, le sulfate de potasse, le chromate de potasse, la milarite, etc., etc.

Dans ces cristaux la particule peut prendre trois orientations distinctes (fig. 15), en faisant 1/6 de tour autour de l'axe pseudo-binaire. Trois rotations de 1/6 de tour ne font, il est vrai, que 1/2 tour ; mais puisque nous avons supposé que l'axe de la particule est réellement binaire, elle revient en coïncidence après 1/2 tour, et nous n'obtenons plus ensuite d'orientation nouvelle.

De semblables particules peuvent donner un groupement régulier présentant la disposition de la figure 16 où 6 triangles s'assemblent au centre par leurs angles de 60°, les deux triangles opposés par le centre étant formés de particules parallèles.

Le sulfate de potasse, qui est rhombique et dont l'angle des faces est de 119° 30', présente cette structure lorsqu'il est cristallisé dans certaines conditions. C'est en effet ce que montre très nettement la lame qu'on projette en ce moment devant vous.

Le plus souvent l'arrangement est beaucoup plus irrégulier. On voit bien encore des plages appartenant à trois orientations distinctes, et ces orientations sont toujours caractérisées par des ellipsoïdes optiques tels que l'un quelconque d'entre eux vient occuper une position parallèle à celle de l'un des deux autres après 1/3 de tour. Mais ces plages peuvent être réparties d'une manière quelconque et très irrégulière, comme vous pouvez le voir sur les plaques d'aragonite ou de chromate de potasse et de soude qui sont projetées sous vos yeux.

Dans d'autres cristaux comme l'émeraude, la tourmaline ou le corindon, les trois orientations sont tellement mélangées et superposées qu'on ne constate plus, en général, que des phénomènes optiques confus et tout à fait irréguliers.

Cristaux pseudo-cubiques. — Nous prendrons maintenant un dernier exemple dans les cristaux pseudo-cubiques.

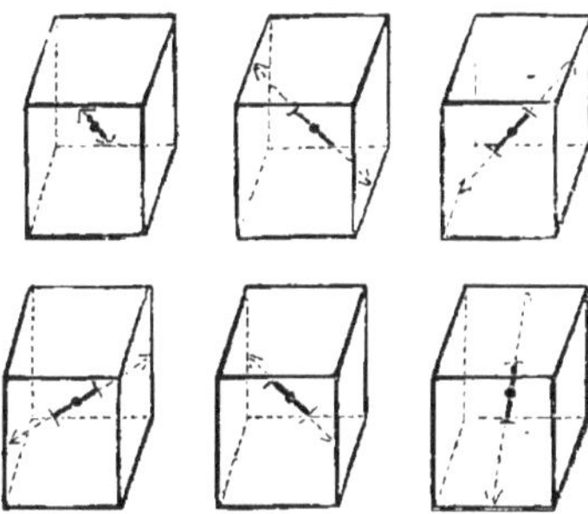

Fig. 17.

Nous choisirons un cas des plus fréquents, celui où la particule, ayant une cellule cubique, possède une molécule à symétrie rhombique et dont deux des axes binaires sont dirigés suivant deux des axes binaires du cube, c'est-à-dire suivant deux des lignes qui joignent les milieux de deux arêtes parallèles et opposées du cube ; l'autre axe binaire de la molécule est dirigé suivant un des axes quadratiques du cube, c'est-à-dire suivant une droite perpendiculaire à une face.

Nous pourrons représenter schématiquement la molécule par une petite ligne droite dirigée suivant un des axes binaires du cube comme dans la figure 17.

Il y a dans un cube 12 arêtes, parallèles deux à deux et par conséquent 6 axes binaires ; la molécule pourra successivement se placer de manière que la droite qui la représente vienne coïncider avec chacun de ces six axes binaires. Il y aura donc 6 orientations distinctes, et 6 seulement, de la molécule pseudo-cubique. Ces 6 orientations sont représentées par les schémas ci-contre (fig. 17).

Ces 6 orientations peuvent être groupées régulièrement de la manière suivante. Imaginons une des formes les plus fréquentes des cristaux cubiques, celle du dodécaèdre rhomboïdal (fig. 18) formé par douze

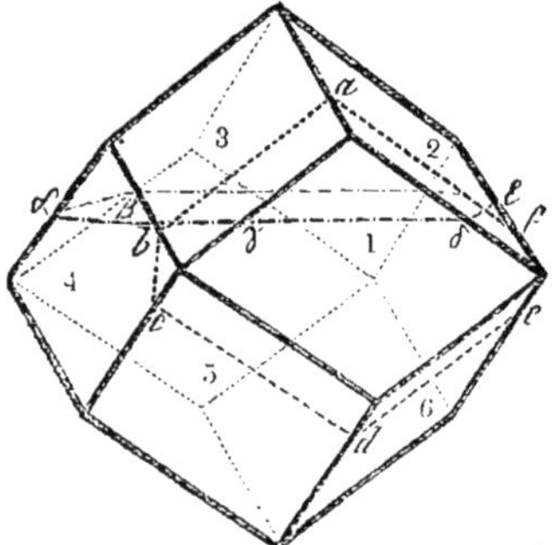

Fig. 18.

faces rhombes, parallèles deux à deux, respectivement perpendiculaires sur les six axes binaires, et par conséquent parallèles aux douze arêtes du cube. Nous décomposerons la figure en douze pyramides rhombiques, deux à deux opposées par le centre, en joignant le centre à chacun des sommets de la figure.

Chacune de ces pyramides a pour sommet le centre de la figure, et pour base l'une des faces du dodécaèdre. Or nous pouvons supposer que chacun des couples de pyramides opposés par le centre est occupé par des particules parallèles entre elles, dont l'orientation sera suffisamment définie en disant que l'axe binaire de la particule que nous avons supposé coïn-

cider avec un axe binaire du cube est perpendiculaire
à la base de la pyramide. Les six orientations distinctes sont ainsi distribuées de la façon la plus régulière autour du centre du cristal.

Lorsque ce groupement est réalisé avec la régularité
que nous lui supposons, on peut en constater la nature en taillant dans le cristal des lames suffisamment minces dans des directions convenablement
choisies.

Supposons par exemple qu'on taille une lame paral-

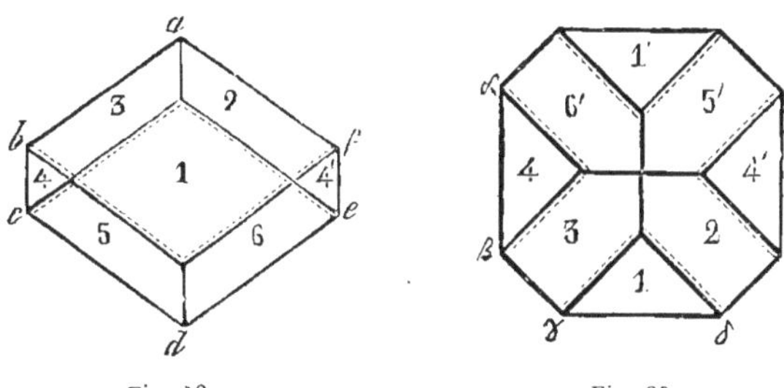

Fig. 19.   Fig. 20.

lèle à l'une des faces du dodécaèdre, entre cette face et
le centre, en $a\,b\,c\,d\,e\,f$, par exemple, et la lame ainsi
obtenue présente la configuration de la figure 19,
dans laquelle le numéro marqué sur chaque plage
correspond au numéro placé sur la pyramide correspondante du cristal dodécaédrique de la figure 18.

Si la lame est taillée perpendiculairement à l'un des
axes quaternaires du cube, en $\alpha\,\beta\,\gamma\,\delta\,\varepsilon$ par exemple,
elle présente l'assemblage représenté ci-contre (fig. 20),
Par une très curieuse et très intéressante coïncidence,
tous les cristaux pseudo-cubiques, bien que de nature
très différente, qui présentent ce mode de groupement,
ont un ellipsoïde tel que les axes optiques, situés dans
un plan parallèle à la grande diagonale de la face
rhombique du dodécaèdre, font entre eux des angles

presque droits. Il en résulte que la lame taillée perpendiculairement à un axe quadratique coupe les 4 pyramides groupées autour de cet axe, telles que 2, 6', 3, 5', à peu près perpendiculairement à un axe optique. Les plages 2, 6', 3, 5' de la lame, presque perpendiculaires à un axe optique, restent presque noires lorsqu'on les place dans le microscope polarisant. Les plages 1, 1', 4, 4' se teignent au contraire de vives couleurs.

Si l'on taille enfin la lame perpendiculairement à un axe ternaire du cube, elle sera partagée en 6 secteurs partant du centre si elle passe d'ailleurs exactement par le centre du cristal.

Toutes ces déductions se vérifient avec la plus rigoureuse exactitude dans les cristaux de grenat de la variété pyrénéite qui ont été étudiés par M. des Cloizeaux. On va vous projeter des lames de cette substance vues entre deux nicols croisés.

Le même mode de groupement se présente dans une substance dont les anomalies optiques ont longtemps occupé les observateurs, la boracite.

La seule différence entre la pyrénéite et la boracite, c'est que, dans cette dernière substance, le groupement n'est pas constamment aussi régulier qu'il l'est dans la première. Mais le groupement y obéit toujours à la même loi, de sorte que, comme vous pouvez le constater sur la projection qui est faite sous vos yeux, une lame taillée parallèlement à une face du dodécaèdre rhomboïdal montre toujours les 6 plages de la figure 19, avec les propriétés optiques qui les caractérisent, et qui dérivent de l'orientation correspondante de l'ellipsoïde optique. Seulement ces six plages se mêlent plus ou moins irrégulièrement.

Dans d'autres substances enfin, comme le titanate de chaux ou pérowskite, le groupement est encore régi par la même loi; mais il devient très difficile de le démêler, tant les orientations différentes sont intimement enchevêtrées.

Je ne poursuivrai pas plus longtemps l'examen détaillé des modes extrêmement divers sous lesquels peuvent se manifester les groupements cristallins. Les exemples que j'ai fait passer sous vos yeux, et que j'aurais pu considérablement multiplier, vous ont suffisamment fait voir que l'observation démontre avec rigueur l'exactitude des lois qui régissent ces groupements et que j'ai formulées en commençant. La connaissance de ces lois est d'un haut intérêt pour le cristallographe que des groupements méconnus ont plus d'une fois conduit à l'erreur.

La fréquence de semblables groupements est telle, d'ailleurs, que nous ne pouvons les regarder comme de simples accidents, et que nous devons les considérer comme indiquant une importante propriété de la matière inorganique. Ils nous montrent en effet cette matière s'efforçant de réaliser, dans sa structure interne, l'arrangement le plus symétrique possible, sans doute parce que le maximum de symétrie est lié au maximum de stabilité.

III.

POLARISATION ROTATOIRE.

L'établissement expérimental des lois qui président à la formation des groupements cristallins, c'est-à-dire à celle des cristaux non homogènes, n'est pas important au seul point de vue cristallographique ; il donne encore la clef de plusieurs phénomènes restés jusque-là sans explication.

Les plus considérables sont ceux de la *polarisation rotatoire* et du *polymorphisme*, que nous allons examiner successivement.

1° *Polarisation rotatoire cristalline.* — Les cristaux qui possèdent la polarisation rotatoire ont tous un ellipsoïde optique de révolution. Lorsqu'on taille dans un de ces cristaux une lame perpendiculaire à l'axe de révolution de l'ellipsoïde, et qu'on fait tomber normalement à cette lame un rayon polarisé rectilignement, c'est-à-dire propageant une vibration rectiligne, celleci subit, pendant le trajet de la lame, une rotation régulièrement progressive, dans un sens qui est dextrogyre pour certains cristaux, lévogyre pour d'autres.

Il y a longtemps qu'un savant allemand, M. Reusch, dont j'ai déjà cité le nom comme l'inventeur des macles artificielles de la calcite, a reproduit, par un artifice très simple, les propriétés optiques des cristaux polarisant rotatoirement, en se servant de lamelles de clivage de mica blanc, extrêmement minces et d'épaisseurs bien égales. Le mica est optiquement biaxe et la bissectrice aiguë ainsi que les plans des axes optiques sont, très sensiblement du moins, perpendiculaires au plan du clivage.

On superpose les lamelles de mica de manière que la trace du plan des axes optiques de chaque lamelle fasse un angle de 60° avec celle de la lamelle inférieure. Après avoir empilé trois lamelles, la quatrième prend l'orientation de la première et ainsi de suite. Les lamelles sont donc orientées parallèlement de 3 en 3.

Une pile de lames ainsi constituée reproduit tous les caractères optiques d'une lame taillée dans un cristal de quartz perpendiculairement à l'axe. La rotation de la vibration est dextrogyre lorsque, en parcourant les lamelles de bas en haut, la trace du plan des axes exécute une rotation lévogyre, et inversement.

M. Reusch n'avait déduit aucune conséquence cristallographique de sa remarquable expérience qui, vue à la lumière des lois qui régissent les groupements cristallins, permet l'explication complète des phénomènes de la polarisation rotatoire cristalline.

Nous avons vu en effet que, dans un cristal pseudo-hexagonal et rhombique, par exemple, trois orientations possibles des particules rhombiques, orientations qui (comme on le sait) font entre elles des angles de 60°, peuvent se grouper dans le cristal d'une manière quelconque, régulière ou irrégulière. Supposons que toutes les particules d'un même plan réticulaire perpendiculaire à l'axe pseudo-sénaire aient toutes des orientations parallèles, mais que dans des plans réticulaires contigus les orientations soient différentes, revenant d'ailleurs les mêmes de 3 en 3. Il est clair que les plans réticulaires forment alors de véritables lames cristallines entièrement assimilables aux lames de mica de l'expérience de Reusch, et que le cristal, ainsi constitué, manifestera une polarisation rotatoire, égale dans tous les échantillons et en tous les points du cristal.

La symétrie du cristal sera d'ailleurs devenue hexagonale, car si l'on tourne le cristal de 60°, les cellules sont restituées, et en numérotant les plans réticulaires à partir du bas, les particules du plan 1 prendront l'orientation de celles du plan 2 ; celles du plan 2, l'orientation de celles du plan 3, etc. Après la rotation, les choses se passeront donc comme si tous les plans réticulaires avaient subi une translation parallèle, égale à la distance normale de deux plans réticulaires contigus, translation sans aucun intérêt physique.

Au reste, ce cristal à symétrie hexagonale ne sera pas constitué de la même façon suivant que, pour aller de l'orientation [1] à l'orientation [2], nous aurons à monter ou à descendre. Le sens de l'empilement des plans réticulaires diversement orientés donnera donc des cristaux réellement distincts ; les uns pourront être appelés droits, les autres gauches ; et comme le sens de cet empilement n'est déterminé que par des circonstances très secondaires de cristallisation, il pourra se produire, côte à côte, des cristaux droits et des cristaux gauches, et même ces deux cristaux pourront coexister dans le même cristal, ainsi que l'observation le montre très fréquemment.

Cette hypothèse, si naturelle, si pleinement d'accord avec les lois incontestables des groupements cristallins, rend compte d'une manière complète des phénomènes de la polarisation rotatoire, et permet de les déduire, grâce à des formules très simples que j'ai établies, des lois de la biréfringence ordinaire.

Ces formules permettent même de soumettre au calcul certains détails du phénomène, tels que la polarisation rotatoire suivant des directions inclinées, qu'on n'avait pu aborder jusqu'ici qu'en recourant à des suppositions toutes gratuites, et même certainement fausses.

Une même formule très simple relie entre elles les quantités suivantes : 1° la rotation de la vibration rectiligne qui a traversé une épaisseur donnée du cristal suivant l'axe principal de celui-ci; 2° l'épaisseur e de la strate cristalline biaxe à particules toutes parallèles entre elles et dont les croisements produisent la rotation vibratoire ; 3° enfin la différence δ des deux indices principaux de cette strate, qui correspondent à des vibrations dirigées dans le plan de la strate (1).

____

(1) La formule est $e = \dfrac{\omega \lambda^2 \sqrt{3}}{E \pi^2 \delta^2}$; ω est l'angle de la rotation en parties du rayon, pour une épaisseur E ; λ est la longueur d'onde

On peut déduire de cette formule une conséquence intéressante.

Puisque dans le quartz, par exemple, la grandeur de la rotation vibratoire reste la même pour des échantillons très différents, il est permis de supposer que l'épaisseur e de la strate cristalline élémentaire est l'épaisseur même de la particule cristalline. On pourrait donc déterminer cette épaisseur particulaire si l'on connaissait δ, c'est-à-dire si l'on connaissait les propriétés optiques du cristal biaxe d'où le quartz dérive par des groupements particuliers.

Nous ne connaissons pas δ, mais il est permis de penser que nous le connaîtrons un jour et que nous trouverons alors dans la polarisation rotatoire un moyen de mesurer cette distance inter-moléculaire qui semble défier par son extrême petitesse tous nos moyens de mesure.

En attendant, nous pouvons remarquer que δ ne saurait être, pour le quartz, supérieur à $0, 3$, car dans aucune substance connue, la différence des indices extrêmes n'atteint ce chiffre. En admettant $\delta = 0, 3$, nous aurons donc pour e une valeur minima, car e est en raison inverse du carré de δ. On trouve ainsi cette valeur minima égale à $0^{mm}, 000\,000\,26$, soit environ trois dix millionièmes de millimètre.

Quelle que soit la vraisemblance de l'hypothèse qui explique si complètement la polarisation rotatoire cristalline, et quelque nombreux que soient les faits expérimentaux sur lesquels elle s'appuie, il semble difficile d'en démontrer l'exactitude par des observations directes. M. Wyrouboff y est cependant parvenu.

---

considérée, π le rapport de la circonférence au diamètre. La formule suppose d'ailleurs que le mode de groupement est le mode ternaire des lames de Reusch.

Dans un travail fort intéressant, il a montré que la polarisation rotatoire régulière ne se rencontre pas fréquemment ; que la plupart des substances considérées comme polarisant rotatoirement sont réellement biaxes et non uniaxes ; qu'on peut constater par l'observation leurs groupements généralement nombreux et irréguliers ; que la polarisation rotatoire ne se manifeste que lorsque les orientations particulières, superposées dans le groupement, ont pris un certain degré de régularité ; que, même alors, l'épaisseur des strates homogènes étant variable, le pouvoir rotatoire, qui dépend de cet élément, l'est aussi, et qu'il n'est exactement le même ni pour deux échantillons différents, ni même pour des plages différentes d'un même échantillon.

On prend ainsi sur le fait, pour ainsi dire, le procédé dont se sert la nature pour produire la polarisation rotatoire régulière, qui apparaît comme le dernier terme d'une série de groupements expérimentalement constatés.

L'hypothèse se trouve par là recevoir de l'observation, sinon une certitude absolue, qui ne saurait jamais être obtenue dans des questions de cette nature, au moins une probabilité qui équivaut presque, si je ne m'abuse, à la certitude.

Je ne crois donc pas être très présomptueux en disant qu'à l'heure actuelle, grâce à l'expériencé de Reusch et à l'établissement des lois des groupements cristallins, il ne reste que bien peu d'inconnu dans le phénomène de la polarisation rotatoire cristalline, demeuré si longtemps mystérieux.

2º *Polarisation rotatoire moléculaire.* — Je n'ai parlé jusqu'ici que de la polarisation rotatoire cristalline ; mais bien que la polarisation rotatoire moléculaire soit en dehors de mon sujet, elle s'y rattache si naturellement et présente d'ailleurs, au point de vue chimique, un tel intérêt, que vous m'excuserez, j'espère, d'en dire quelques mots.

On sait en quoi les deux phénomènes diffèrent. L'un est lié à l'arrangement cristallin ; il disparaît lorsque l'édifice cristallin est détruit, par dissolution ou fusion par exemple ; ce qui est, au reste, pleinement d'accord avec notre explication. L'autre, au contraire, persiste sous tous les états du corps, tant que celui-ci conserve son individualité chimique, c'est-à-dire tant que le groupement atomique subsiste sans modification.

Il est aisé de comprendre cependant comment les deux phénomènes dérivent au fond de causes analogues.

La molécule est formée d'atomes, et la loi de Gladstone nous montrant que l'indice de réfraction de la molécule peut se déduire des indices de réfraction propres à chaque atome, on doit en conclure, ce qui d'ailleurs est en soi-même extrêmement probable, que chaque atome constitue un milieu réfringent, et même biréfringent, puisque le groupement de milieux uniréfringents ne pourrait produire une molécule biréfringente.

La molécule peut donc être considérée comme formée par le groupement de plusieurs particules atomiques dont chacune est caractérisée par un certain ellipsoïde optique déterminé comme forme et comme orientation.

Or j'ai montré que des groupements de cette nature donnent lieu en général à deux phénomènes optiques distincts. Le premier, le plus intense, est celui que l'on obtient en négligeant les termes qui contiennent le carré de l'épaisseur des milieux optiques composants. C'est le phénomène de la biréfringence qui se définit par l'existence d'un certain ellipsoïde optique caractérisant le groupement, c'est-à-dire, dans le cas actuel, la molécule.

Le second phénomène, beaucoup plus faible, s'obtient en tenant compte des termes qui contiennent le carré des épaisseurs des milieux composants. C'est le phénomène de la rotation vibratoire qui, dans les groupements moléculaires, sera bien moins intense encore que dans les groupements cristallins, puisque la distance inter-atomique est plus faible que la distance inter-moléculaire.

D'ailleurs, la théorie montre que la condition nécessaire et suffisante pour que cette rotation vibratoire se produise, c'est que le groupement moléculaire ne soit pas superposable à son image.

Lorsque des molécules présentant ce genre particulier de dyssymétric sont juxtaposées parallèlement dans un cristal, celui-ci possède bien, avec la biréfringence, la polarisation rotatoire. Mais tandis que le premier phénomène se manifeste avec énergie, les ellipsoïdes optiques de chaque molécule agissant tous dans le même sens, la polarisation rotatoire passe en général inaperçue, son intensité restant trop faible avec l'épaisseur, toujours très limitée, des cristaux dont on dispose.

Il n'en est plus ainsi lorsque les molécules sont mises en liberté par fusion ou dissolution. Le rayon lumineux qui chemine alors à travers le liquide subit bien une double réfraction en traversant l'ellipsoïde optique de chaque molécule; mais comme les ellipsoïdes ont toutes les directions possibles, l'effet moyen qu'ils produisent est le même que s'ils étaient des sphères, et la biréfringence disparaît. Au contraire, en vertu de la polarisation rotatoire, chaque molécule dévie la vibration lumineuse d'un angle, variable, il est vrai, avec l'orientation moléculaire, mais dont le sens est toujours le même, puisque ce

sens ne dépend que de l'arrangement moléculaire.
L'effet rotatoire moyen n'est donc pas nul; il est pro-
portionnel au nombre des molécules traversées, et
comme ce nombre peut être rendu aussi grand qu'on
le veut, la rotation de la vibration, quelque faible
qu'elle soit pour une molécule, peut être aisément
constatée.

Ce n'est évidemment là qu'une hypothèse ; mais elle
explique si complètement les faits, elle dérive si naturellement de celle qui explique la polarisation rotatoire cristalline, et sur laquelle l'expérience s'est en
quelque sorte prononcée, que l'on peut la considérer,
je crois, comme extrêmement vraisemblable.

Cette hypothèse nous amène d'ailleurs à conclure
que la condition nécessaire et suffisante pour qu'une
substance possède la polarisation rotatoire moléculaire,
c'est que sa molécule ne soit pas superposable à son
image.

IV.

POLYMORPHISME.

Revenons maintenant aux cristaux, dont nous a
écartés la digression sur la polarisation rotatoire moléculaire, pour montrer que, des lois de groupements
cristallins, on peut tirer une explication du polymorphisme.

Vous savez qu'on désigne par ce mot la propriété
qu'ont certaines substances de pouvoir cristalliser sous
plusieurs formes cristallines incompatibles entre elles,
c'est-à-dire ne possédant pas le même système réticulaire.

M. Pasteur a remarqué le premier que ces formes

incompatibles sont cependant liées par des analogies étroites. On peut formuler ces analogies en disant que les systèmes réticulaires des centres de gravité sont en réalité peu différents les uns des autres dans les diverses formes cristallines d'une même substance, ou tout au moins que les paramètres de ces systèmes réticulaires ont entre eux des rapports qui s'approchent d'être simples. Les édifices cristallins de ces diverses formes diffèrent les uns des autres, surtout par le nombre et la nature de leurs éléments de symétrie.

Il résulte clairement de là que le système réticulaire des substances polymorphes pouvant changer de symétrie, sans changer sensiblement de forme, doit avoir pour maille un de ces prismes que **M.** Pasteur appelait une *forme limite*, et auxquels nous avons donné le nom de *forme pseudo-symétrique*.

On peut prendre pour exemple le carbonate de chaux, rhombique à l'état d'aragonite, et rhomboédrique ou hémiédrique hexagonal à l'état de calcite. La symétrie des deux formes est très différente ; mais l'aragonite, comme vous l'avez déjà vu, est pseudo-hexagonale et tend, par ses groupements multiples, à se rapprocher de la symétrie hexagonale.

Si l'on suppose ces groupements de plus en plus multipliés, et en quelque sorte de plus en plus intimes, l'aragonite se rapprochant progressivement de la symétrie hexagonale, il semble que la calcite doive être considérée comme le dernier terme d'une série continue dont l'aragonite rhombique est le premier.

Cette hypothèse ne peut cependant être adoptée sans qu'on lui fasse subir de profondes modifications. L'observation montre en effet que la calcite est une individualité cristalline distincte de celle de l'aragonite. La calcite possède des clivages, l'aragonite n'en montre pas ; la densité de la première est de 2,7 tandis que celle de la seconde est de 2,85. Entre l'aragonite et la calcite il existe donc un fossé profond que ne semblent pas pouvoir combler les groupements même très multipliés de l'aragonite.

Cette conclusion est d'ailleurs très nettement confirmée par une observation fort importante. Lorsqu'on chauffe l'une des formes cristallines d'une substance polymorphe, en général la moins symétrique, on constate, très fréquemment au moins, que, dès qu'une certaine température est obtenue, la forme passe *sans transition* et *brusquement* à la seconde forme cristalline. Cette température est la température de transformation.

La seconde forme reste stable au-dessus de la température de transformation, à moins qu'une nouvelle transformation ne soit possible en donnant naissance à une troisième forme cristalline.

Si l'on abaisse la température, il peut arriver deux cas. Dans le premier, la seconde forme subit la transformation inverse dès que la température de transformation est obtenue. On dit alors que la transformation est réversible.

Dans le second cas, la deuxième forme se maintient au-dessous de la température de transformation, soit indéfiniment, comme cela a lieu pour l'aragonite transformée en calcite, soit plus ou moins longtemps, comme pour le soufre rhombique transformé en soufre clinorhombique. La transformation est non réversible. Il se passe alors quelque chose d'analogue à la surfusion.

Le phénomène de la transformation réversible est particulièrement frappant; il a été observé pour la première fois par M. O. Lehmann sur des substances cristallines formées sous le microscope.

Je l'ai constaté dans des substances qui forment de beaux cristaux, tels que le sulfate de potasse pseudo-hexagonal et la boracite pseudo-cubique.

On va vous rendre témoins de la transformation réversible de la boracite. Vous voyez d'abord, projetée sur le tableau, la lame cristalline, rhombique, très fortement biréfringente et présentant les plages multiples dont nous avons parlé plus haut. On chauffe la lame au moyen d'un bec de gaz, et à mesure que la température monte, la double réfraction diminue lentement, comme vous pouvez le constater en suivant les variations dans les teintes de polarisation ; il se produit même quelques macles nouvelles qui augmentent la complexité des groupements cristallins. Puis, au moment où la lame atteint la température de 265°, que M. Le Châtelier a bien voulu m'aider à déterminer, vous voyez une tache noire s'étendre rapidement, comme une goutte d'encre, à partir de l'angle de la lame qui a atteint le premier la température de transformation. La lame est devenue noire entre deux nicols croisés, parce qu'elle est devenue uniréfringente, en passant de l'état rhombique à l'état cubique. Elle n'a d'ailleurs pas cessé d'être transparente, comme vous pouvez le voir aisément en décroisant les nicols.

Si nous abaissons la température, vous voyez qu'au moment où la température de transformation est de nouveau atteinte, la goutte d'encre s'évanouit tout d'un coup et les couleurs de polarisation reparaissent brusquement avec leur intensité première, mais avec des contours un peu différents. La boracite est repassée de la forme cubique à la forme rhombique.

La brusque transformation qui se produit ainsi à 265° démontre clairement que la forme cubique et la forme rhombique sont bien deux individualités cristallines nettement distinctes, et qu'on ne passe pas graduellement de l'une à l'autre par des groupements de plus en plus multipliés. M. Le Châtelier et moi avons d'ailleurs constaté que ce passage brusque de la symétrie rhombique à la symétrie cubique est accompagné d'un dégagement de chaleur relativement considérable.

A 265°, les conditions d'équilibre intime du cristal subissent donc un changement brusque sous l'influence de variations infiniment petites de température.

En quoi consiste précisément ce changement? Il paraît d'abord évident que les centres de gravité moléculaires n'éprouvent pas de modifications notables dans leurs positions relatives, car un changement aussi considérable ne semble pas pouvoir se concilier avec la conservation de la forme extérieure et de la transparence de la substance. D'ailleurs, une pareille modification n'est nullement nécessaire, puisque nous avons vu que les particules de la boracite sont pseudo-cubiques et que leur cellule est parfaitement cubique.

Il ne reste donc plus que deux suppositions, ou bien la brusque modification a consisté dans une altération de la molécule, dans un changement du groupement atomique, procurant à celui-ci la symétrie cubique qui lui manquait; ou bien la modification a consisté dans un groupement entre les particules, analogues aux groupements cristallins.

La première supposition, que j'avais un instant admise, est écartée par un fait expérimental que j'ai observé, et qui m'a contraint à modifier mes idées.

Le chlorate de soude se présente ordinairement sous la forme cubique avec une polarisation rotatoire régulière. Mais j'ai constaté que ce sel est dimorphe. En faisant cristalliser sous le microscope une goutte d'une dissolution saturée, on voit d'abord se produire des cristaux rhomboédriques isomorphes de l'azotate de soude. Ces cristaux se transforment ensuite spontanément, et sans changer de forme extérieure, en cristaux cubiques uniréfringents.

Or si, dans cette transformation, c'était la molécule elle-même qui devenait uniréfringente, la polarisation rotatoire n'aurait plus de raison d'être. Elle s'explique aisément au contraire si l'on suppose que la molécule est restée biréfringente, et que la symétrie cubique est obtenue par un de ces groupements analogues à ceux que nous avons déjà étudiés.

Il faut donc admettre que la transformation de la boracite est due simplement à des groupements analogues à ceux que montrent, à la température ordinaire, les cristaux à symétrie rhombique, mais se produisant régulièrement et entre particules contiguës.

Il ne s'agit plus que de montrer comment ces groupements, se produisant entre particules, et non plus entre portions finies de la matière, peuvent donner naissance à une substance, nouvelle en quelque sorte, et douée de propriétés physiques et cristallines différentes de celles qui existaient avant le groupement.

Pour y arriver, nous laisserons de côté l'exemple de la boracite, car les groupements particuliers d'une substance pseudo-cubique ne sont pas aisés à figurer sur le tableau. Nous choisirons comme exemple une substance pseudo-hexagonale comme le nitre (1).

Représentons sur le tableau (fig. 21) les cellules hexagonales du nitre juxtaposées dans un même plan réticulaire perpendiculaire à l'axe pseudo-hexagonal. Suivant les trois directions perpendiculaires aux faces

---

(1) Sous ses deux formes le nitre est isomorphe de l'aragonite. Nous choisissons le nitre parce que, sous sa forme rhombique, il s'approche plus que l'aragonite, de la symétrie hexagonale.

latérales de ces cellules, plaçons les trois orientations des molécules, de manière qu'elles se succèdent toujours dans le même ordre : 1, 2, 3 ; 1, 2, 3, etc. On obtient la figure ci-dessous.

Dans ce plan réticulaire, il est évident qu'après ce groupement la molécule cristallographique a changé de nature ; car celle-ci, par définition, est la plus petite portion de matière qui se répète périodiquement, identique à elle-même et dans une orientation

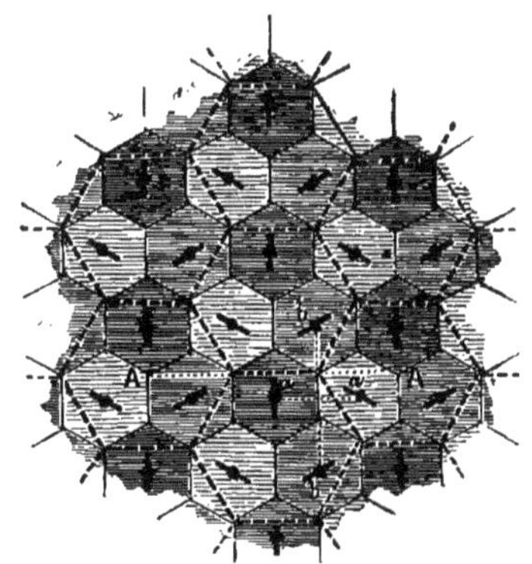

Fig. 21.

parallèle. La portion de matière qui satisfait à cette définition est composée, après le groupement, de trois anciennes molécules, et les distances qui séparent les centres de gravité des nouvelles molécules sont, non plus, comme dans le premier, cristal aa et bb, mais AA et BB.

Quant à la cellule, elle pourra être considérée comme formée par des prismes hexagonaux dont les bases, triples en surface des anciennes, sont figurées en traits longs, et dont la hauteur sera la même qu'avant le groupement. Il est aisé de voir que la nouvelle particule possède exactement la symétrie ternaire.

Ainsi, après le groupement que nous imaginons, une nouvelle particule cristallographique, différant de l'ancienne par sa masse et par sa symétrie, a pris naissance, en même temps que les paramètres cristallographiques se sont profondément modifiés.

On conçoit donc qu'après le groupement effectué, on ait affaire à une individualité cristalline toute nouvelle, ne conservant plus rien, ou à peu près, de l'ancienne.

La quantité de chaleur dégagée au moment de cette transformation a d'ailleurs une origine évidente, car la formation du nouveau groupement exige que les molécules anciennes tournent autour de leurs centres de gravité, ce qui ne peut se faire sans la production d'un certain travail positif ou négatif.

Du reste, dans ce nouveau groupement, il est très vraisemblable que, l'orientation mutuelle des molécules juxtaposées étant modifiée, les actions intermoléculaires qui maintiennent les molécules à distance le sont aussi plus ou moins profondément. On comprend ainsi qu'au moment de la transformation, il puisse se produire des variations, d'ordre secondaire, dans les positions relatives des centres de gravité moléculaires, analogues à celles qui se produisent sous l'action des changements de température. Ces variations suffisent à expliquer les différences que l'on observe dans les densités d'une même substance, sous les deux états cristallins qu'elle peut prendre.

Notre hypothèse étant supposée exacte, si nous connaissions exactement la nature du groupement qui se produit dans le changement d'état cristallin d'une certaine substance, rien ne serait plus aisé que de déduire des paramètres de la première forme ceux de la seconde.

Malheureusement les groupements possibles sont extrêmement nombreux, car les groupements par macles peuvent intervenir aussi bien que les groupements par pénétration.

Une autre difficulté provient de ce qu'on n'est jamais certain de connaître la structure vraiment primitive d'une substance donnée, car il peut très bien se faire qu'on ne connaisse, dans les limites étroites de température où sont renfermées nos observations, que des formes déjà groupées.

Essayons cependant, en revenant au nitre que nous avons pris tout à l'heure comme exemple, de calculer les paramètres du nitre rhomboédrique en nous servant de ceux du nitre rhombique.

Ces derniers peuvent être pris égaux à

$$0,58 \qquad 1 \qquad 1,40 \ (1).$$

Le dernier de ces paramètres se rapporte à l'axe vertical et représente la hauteur d'une particule, ou la distance verticale de deux centres moléculaires. Les deux premiers paramètres se rapportent aux axes horizontaux, et l'on a sur la figure 21

$$bb = 1 \qquad \cdot \qquad aa = 0,58.$$

Après le groupement imaginé, la hauteur de la particule est restée la même ; mais la distance horizontale des deux centres moléculaires est devenue

$$AA = 3 \times 0,58.$$

Le rapport de l'axe vertical à l'axe horizontal est donc égal à

$$\frac{1,40}{3 \times 0,58} = 0,81.$$

(1) Nous doublons ici, ce qui est permis, le paramètre 0,70 généralement admis.

Le même rapport observé expérimentalement dans le nitre rhomboédrique est égal à 0,83. La différence est insignifiante (1).

L'hypothèse ainsi appuyée sur les faits nombreux qu'elle relie et qu'elle explique, il resterait à se demander quelle cause peut amener une transformation subite du genre de celle que vous avez vu se produire sous vos yeux avec la boracite. Nous constatons, dans cette substance, que l'équilibre interne à symétrie rhombique est déjà jusqu'à un certain point précaire avant la température de 265°, puisqu'il semble exiger, pour se maintenir, la production de groupements qui rapprochent le cristal de la symétrie cubique. A mesure que la température augmente, c'est-à-dire que les vibrations atomiques deviennent plus intenses, celles-ci tendent de plus en plus énergiquement à détruire l'édifice moléculaire, et celui-ci semble réagir en quelque sorte pour résister à cette cause de destruction, en recourant à de nombreux groupements, comme on le constate très bien non seulement dans la boracite, mais encore dans le sulfate de potasse et dans beaucoup d'autres corps.

(1) Je n'ai poussé le calcul aussi loin que pour montrer que l'hypothèse explique aisément ce fait d'observation que les paramètres des diverses formes cristallines d'une même substance ont entre eux des rapports simples. Il n'est pas d'ailleurs possible que le groupement que nous avons choisi comme le plus simple pour rendre compte du passage du nitre, de la forme rhombique à la forme rhomboédrique, soit précisément celui que réalise la nature. En effet, après ce groupement, si la particule a bien acquis un axe ternaire et trois plans de symétrie passant par cet axe, elle n'a pas acquis, comme il le faudrait, un centre de symétrie et trois axes binaires.

Il est d'ailleurs possible, et même jusqu'à un certain point vraisemblable, que la forme rhombique du nitre soit une forme déjà obtenue par groupement d'une autre forme clinorhombique ou même anorthique encore inconnue.

Lorsque l'intensité des vibrations atomiques a atteint une certaine limite, l'édifice moléculaire ne peut échapper à la cause de destruction qui le menace qu'en contractant non plus seulement des groupements entre portions finies de la substance, mais des groupements particulaires. On conçoit en effet que ces groupements, comme nous l'avons déjà répété souvent, peuvent être un véritable élément de stabilité.

Les groupements cristallins, soit entre portions finies du cristal, soit entre particules, apparaissent ainsi comme produits par la tendance du corps à persister dans son état et à résister aux causes de destruction qui le menacent.

On peut concevoir ainsi la cause générale du phénomène; mais ce qu'il nous importerait le plus de savoir, c'est-à-dire le mécanisme au moyen duquel cette cause générale produit son effet, nous reste inconnu.

Laissons de côté maintenant les causes encore peu connues du phénomène, et considérons-le en lui-même.

Ce groupement particulaire, qui se produit soudainement à une température déterminée, avec dégagement de chaleur, qui change le poids moléculaire de la substance et modifie toutes ses propriétés physiques, qu'est-ce autre chose que ce que les chimistes appellent une *polymérisation* ?

Un phénomène purement cristallographique en apparence conduit donc à un phénomène manifestement chimique. La cristallographie a le grand avantage de nous permettre de pénétrer, plus avant qu'on ne peut le faire sans son aide, dans le mécanisme intime qui préside à la production de ce phénomène. C'est ainsi qu'elle nous fait voir clairement quelle est la structure d'un groupement polymérique et quelle est la cause de la production de chaleur qui accompagne la polymérisation.

Le cristallographe est ainsi amené à s'occuper, à son point de vue, des combinaisons chimiques qui s'effectuent entre molécules identiques. Peut-être pourra-t-il aller plus loin, et certaines combinaisons chimiques entre molécules différentes rentreront-elles un jour aussi dans le cadre de ses études.

Les groupements entre substances différentes, mais isomorphes, bien que fort peu connus encore, paraissent en effet être régis par des lois très analogues à celles qui gouvernent les groupements cristallins entre substances identiques. Il est donc possible de concevoir à côté des groupements isomorphes irréguliers, tels qu'on les considère d'habitude, et analogues aux groupements cristallins entre portions finies de la matière, des groupements entre les particules mêmes des substances isomorphes, et analogues aux groupements cristallins particulaires. Ces groupements seront alors de véritables combinaisons chimiques. Les sels doubles paraissent devoir être expliqués par des groupements de cette nature.

Il ne serait même pas impossible que toutes les combinaisons chimiques dussent un jour être considérées comme soumises aux mêmes lois. Pour cela il suffirait qu'on vînt à constater la réalité de deux hypothèses qui ne semblent pas invraisemblables. La première serait que l'édifice moléculaire est construit sur le même plan qu'un édifice cristallin, et que les atomes de la molécule sont disposés suivant un certain système réticulaire. La seconde serait que tous les corps peuvent être considérés, jusqu'à un certain point, comme isomorphes entre eux. J'ai essayé ailleurs de montrer que cette dernière hypothèse peut être appuyée sur de sérieuses considérations.

Mais je me reprocherais de développer devant vous

des aperçus encore bien vagues. Je n'ai d'ailleurs que trop longtemps fatigué votre attention. Pour m'excuser d'avoir tellement dépassé les bornes d'une conférence, je voudrais pouvoir me dire que j'ai réussi à vous convaincre que la cristallographie, trop négligée, peut cependant nous aider à pénétrer dans les secrets de la matière et contribuer utilement au développement des sciences physiques et chimiques.

Paris. — Maison Quantin, 7, rue Saint-Benoît.